毎日チェックしてね！

記入例

月　日（金）	月　日（土）	月　日（日）	10月17日（火）
			1ぴき、水草にかくれている。体調が悪いのかもしれないので、明日、ようすを確認する。
朝 夕方	朝 夕方	朝 夕方	朝　量、いつもと同じ。 夕方　ごはんを少し残した。ネットでとりのぞいた。 乾燥ミジンコをあげたら、よろこんでいた。
			目、口、えらぶた、ヒレはきれい。体（うろこ）もきれい。
			オスがメスを追いかけていたので、もうすぐ産卵するかもしれない。水草をよく観察する。

生きものとくらそう！⑥

メダカ・金魚

はじめに

みなさんは、魚をつかまえたことはありますか？

都市部では、野生の生きものがくらせる自然環境が少なくなり、昔のように生きものをつかまえて飼うことがむずかしくなっています。けれども、メダカや金魚はお店で購入できますし、少し郊外に出れば、メダカが生息している場所もあります。

メダカなどの魚を水そうで飼育してみると、魚たちのさまざまな行動や成長する姿を観察することができます。たとえば、メダカは群れをつくり、水そうの上のほうを泳いでいることに気づくでしょう。また、オスは繁殖するとき、短時間ですが、体の色がこくなってとても美しくなります。金魚は、おだやかな性格で、ごはんをあげるときに口をパクパクさせながら飼い主のほうに近づいてくることもあります。

さらに、繁殖のようすを観察できるのもメダカや金魚を飼育する楽しみのひとつです。卵からふ化し、成長する姿が見られるかもしれません。この本では、メダカと金魚の基本的な飼育方法を紹介します。本を読んでメダカや金魚の飼育にチャレンジし、魚たちのくらしぶりを観察してみましょう。きっと、さまざまな発見におどろいたり、わくわくしたりすることでしょう。

秋山信彦（東海大学海洋学部水産学科教授）

もくじ

1 メダカ・金魚ってどんな魚？

メダカ・金魚ってどんな魚？ ……………… 4
どんなメダカがいるの？ ……………… 6
メダカの習性を知ろう ……………… 8
メダカの体のひみつ ……………… 10
どんな金魚がいるの？ ……………… 12
金魚の習性を知ろう ……………… 15
金魚の体のひみつ ……………… 16

2 メダカ・金魚をむかえる前に

飼う前に考えよう ……………… 18
メダカ・金魚をむかえる準備 ……………… 20
水そうを準備しよう ……………… 22
むかえるときの注意 ……………… 26

3 メダカ・金魚のお世話をしよう

ごはんをあげよう	28
水そうに気を配ろう	30
水がえ、大そうじをしよう	32
🐟もっと知りたい　屋外で飼育するときは	35
メダカや金魚をふやそう	36
🐟もっと知りたい　飼育した魚の放流はダメ！	39
健康チェックをしよう	40
🐟もっと知りたい　メダカや金魚の病気やケガ	42
病気やケガに気づいたら	44

こんなとき、どうする？ Q&A

Q メダカ・金魚はお留守番ができる？ ……… 46
Q 川でとってきたメダカは飼える？ ……… 46
Q 災害への対策は？ ……… 47
Q 年をとったら、どんなお世話が必要？ ……… 47

1 メダカ・金魚ってどんな魚？

メダカ・金魚ってどんな魚？

メダカや金魚の特ちょうを見ていきましょう。

観賞魚として人気

魚のなかでも、メダカや金魚は「観賞魚」とよばれ、飼育を楽しむ魚です。日本における観賞魚の歴史は古く、今から約300年前の江戸時代にはすでに、人びとはメダカや金魚を飼育していました。川でメダカをとってきたり、タライに金魚を入れて売り歩く「金魚売り」から購入したりして、観賞魚の飼育を楽しんでいたようです。はじめに、観賞魚の飼育のみりょくを見ていきましょう。

かわいい姿にいやされる

泳いでいる姿をながめていると、かわいらしい姿に心がいやされることでしょう。メダカや金魚は、毎日きちんとお世話をしていると、ごはんをあげるときに近づいてくるようになります。

アクアリウムを楽しめる

メダカや金魚を飼うために、じゃりや水草を入れてレイアウトした水そうを「アクアリウム」といいます。自分だけの「小さな水中世界」をつくることができるのも、大きなみりょくです。

成長を観察できる

卵からうまれた小さな魚が少しずつ育っていく姿を観察できるのも、観賞魚を飼う楽しみのひとつ。とくにメダカは、おうちでも繁殖しやすいのが特ちょうです。

▲ メダカの稚魚*

＊稚魚：卵からかえったばかりの魚の子ども。

4

メダカ・金魚の特ちょう

メダカと金魚には、それぞれちがった特ちょうがあります。くらべてみましょう。

メダカ

● **じょうぶで飼いやすい**

メダカは、もともと日本に生息していたメダカ科の淡水魚*なので、日本の気温の変化にはなれています。とてもじょうぶで、初心者でも飼育しやすい魚です。

● **全長は3～4cm**

メダカはおとなになっても全長3～4cmと小さいので、コンパクトな水そうでも飼育することができます。

3～4cm

● **寿命は1～3年**

寿命は1～3年と金魚にくらべると短いです。そのぶん世代交代がはやく、繁殖しやすいです。

金魚

● **個性的ではなやかな見た目**

金魚は、コイ科の淡水魚であるフナを品種改良*して人の手でうみ出されました。品種によってちがう形や色合いをしていて、個性的ではなやかな見た目がみりょくです。

● **全長は10cm以上**

おとなの金魚の全長は10cm以上あり、30cmくらいになることもあります。体に合う大きな水そうが必要です。

10cm以上

● **寿命は10年以上**

品種にもよりますが、和金（→12ページ）の場合、寿命は10年以上です。金魚はメダカよりも繁殖できる期間が短いです。

🔍 メダカと金魚はいっしょに飼えない？

メダカも金魚もそれぞれみりょくがあり、いっしょに飼いたくなるかもしれません。けれども、メダカと金魚は同じ水そうで飼わないほうがよいといわれています。メダカが体の大きな金魚におびえたり、小さなメダカは金魚に食べられたりすることがあるからです。

---

*淡水魚：一生を川や池などですごす魚。　品種改良：ちがった特ちょうをもつものどうしを繁殖させて、新しい特ちょうをもつ魚をうみ出すこと。

1 メダカ・金魚ってどんな魚？

どんなメダカがいるの？

日本に生息する野生のメダカをもとに、
品種改良によってうまれたさまざまなメダカがいます。

＊メダカの品種は、体の色、ヒレや体の形（体型→10ページ）などの特ちょうで分けられています。
　飼いやすさは目安です。やさしい、ふつう、むずかしいの3段階で紹介します。

形や色もさまざま

メダカは、野生のメダカ（原種）を品種改良しています。体の大きさ（全長）はどの品種もほぼ同じで、およそ3cmですが、体の色やヒレの形、体型はさまざまです。品種改良されたメダカを「改良メダカ」といい、現在は500種類をこえる品種のメダカがいます。原種に近い品種ほど、じょうぶで飼育しやすいといわれています。

原種のメダカ

メダカ
日本に生息する野生のメダカです。大きく分けて、キタノメダカとミナミメダカの2種類がいます。

DATA
- 色：グレーや茶色など
- 体型：ふつう体型
- 飼いやすさ：やさしい

原種に近いメダカ

ヒメダカ
野生のメダカからとつぜんへんいでうまれた、黄色のメダカ。江戸時代から人びとに親しまれていた、長い歴史をもつ品種です。

DATA
- 色：黄色
- 体型：ふつう体型
- 飼いやすさ：やさしい

青メダカ
黄色の色素をもたない、青みがかったメダカ。古くから親しまれ、現在も手に入れやすく、人気の高い品種です。

DATA
- 色：青色
- 体型：ふつう体型
- 飼いやすさ：やさしい

白メダカ
黒色と黄色の色素がない、全身が白っぽいメダカ。黄色っぽい白色から、すきとおるような色のメダカまでいます。

DATA
- 色：白色
- 体型：ふつう体型
- 飼いやすさ：やさしい

改良メダカ

楊貴妃*

赤みの強いメダカを品種改良してできた、あざやかな朱赤*のメダカ。改良メダカの人気のきっかけになった品種です。

DATA
- 色：朱赤
- 体型：ふつう体型
- 飼いやすさ：やさしい

紅白パンダ

白と赤2色のメダカ。目のまわりの白い部分までまっ黒な、パンダのような目をもつため、紅白パンダとよばれます。

DATA
- 色：白と朱赤
- 体型：ふつう体型
- 飼いやすさ：ふつう

こはくヒカリ

宝石のこはくにちなんで名づけられた、美しいかっ色*のメダカ。ヒカリ体型（→10ページ）なので、こはくヒカリとよばれます。

DATA
- 色：こはく（かっ色）
- 体型：ヒカリ体型
- 飼いやすさ：ふつう

みゆき*

背中が、金属のように青色や白色に光るメダカ。みゆきをもとに、さまざまな光るメダカがうみ出されています。

DATA
- 色：シルバー、青色
- 体型：ふつう体型
- 飼いやすさ：やさしい

黄金ダルマ

黄金色の体に、ラメがかがやく美しいメダカ。短くころんとした丸い体の、ダルマ体型が特ちょう。

DATA
- 色：黄金
- 体型：ダルマ体型
- 飼いやすさ：むずかしい

紅帝ヒレ長

朱赤のメダカのなかで、とくに強い赤みをもつ紅帝メダカ。長くのびた、ゆうがな美しいヒレが特ちょう。

DATA
- 色：朱赤
- 体型：ふつう体型、ヒレ長
- 飼いやすさ：ふつう

---

*楊貴妃：約1300年前の唐（中国）の皇帝・玄宗の妃。世界3大美人のひとりといわれる。朱赤：赤にオレンジがまざった色。かっ色：黒ずんだ茶色。みゆき：品種改良した人の子どもの名前に由来している。

1 メダカ・金魚ってどんな魚？

メダカの習性を知ろう

メダカを飼う前に、メダカという魚について知り、飼いかたのヒントにしましょう。

小川や田んぼでくらす身近な魚

メダカは、小川や田んぼ、池や用水路など、流れがゆるやかな場所でくらす淡水魚で、古くから身近な魚として親しまれてきました。日本には、「キタノメダカ」と「ミナミメダカ」の2種類の野生のメダカがいます。現在は野生のメダカを原種として品種改良が進み、さまざまな特ちょうをもつ「改良メダカ」がうみ出されていますが、野生のメダカの習性も残っています。

キタノメダカ
おもに日本海側にくらす。あみ目もようが特ちょうだが、ミナミメダカにもこのもようが出ることがある。

ミナミメダカ
本州から沖縄県まで広い地域にくらす。尾のつけ根にもようがある。改良メダカの原種とされる。

群れでくらす

メダカは、野生では群れをつくってくらしています。数十ぴきの大きな群れになることもめずらしくありません。群れで泳ぐのは、敵をいちはやく見つけることで、おそわれないようにするためです。メダカは複数で飼うとよいでしょう。

流れにさからって泳ぐ

野生のメダカは、ゆるやかな流れのある小川などにすんでいます。メダカは、水の流れにさからうように泳ぐ習性がありますが、これは流れにのって泳いで、すみなれた環境から遠ざかってしまうのをふせぐためです。

生活リズムは人と同じ

人とメダカは、生活リズムがほぼ同じです。太陽がのぼると目をさまして動きはじめ、ごはんを食べます。そして、日がくれて、あたりが暗くなると休息します。家で飼うときも、ライトをつけたり消したりして、昼と夜の区別をつけましょう。

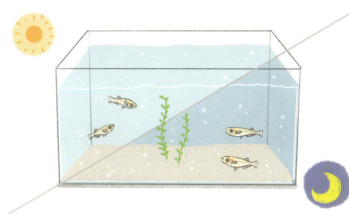

季節の変化に適応できる

日本には四季があり、季節によって、気温や太陽が出ている時間が変わります。もともと日本でくらしていたメダカは、季節の変化に適応できるため、水温が0〜35℃くらいであれば生きていけます。ただし、急に水温が上がったり下がったりすると、命にかかわることもあります。1日のなかで水温が大きく変化しないように気をつけましょう。

水温ごとの行動の目安

低温（10℃以下）	適温（16〜25℃）	高温（35℃以上）
水温が10℃以下になると動きがにぶくなり、5℃を下まわると水底でほとんど動かなくなる。	16〜25℃くらいがすごしやすい水温だといわれている。20℃前後になると、繁殖行動が見られる。	水温が高くなりすぎると、稚魚や年をとったメダカは、命の危険もある。

まわりの色に合わせて色が変わる

メダカには、敵から身を守るために、まわりの色に合わせて体の色を変化させる「保護色機能」がそなわっています。そのため、黒色の水そうやじゃりでメダカを飼うと、体の色がこくなり、明るい色の水そうや白いじゃりでメダカを飼うと、体の色がうすくなることがあります。

野生のメダカは絶滅の危機にある

日本人にとって身近な淡水魚であるメダカですが、野生のメダカは数がへっていて、1999年には「絶滅のおそれのある野生生物」に指定されました。開発によって昔ながらの自然がうしなわれ、メダカのすみかがへったことや、外来種（→39ページ）が増えたことなどが原因だと考えられています。

1 メダカ・金魚ってどんな魚？

メダカの体のひみつ

メダカの体には、水中でのくらしに役立つひみつがあります。体のつくりを見てみましょう。

水中でくらすのに適した体のつくり

メダカの体には、水中でくらすためのさまざまなしくみがそなわっています。たとえば、メダカはエサや敵を見つけやすい大きな目をもっています。また、メダカは水中でも水面近くで生活するため、エサを食べやすいように口が上のほうについています。

鼻
左右に1対ずつ、合計4つの鼻のあなをもち、水中のにおいをかぐことができる。呼吸には使われない。

目
大きな目が高い位置にあることが、「メダカ」（目高）という名前の由来。敵やエサを見つけやすい。

感覚器官
目のまわりにあるみぞが感覚器官になっていて、水の動きや振動などを感じとることができる。

口
上向きについていて、水面の近くや、水中をただようエサを食べるのに適している。のどのおくに咽頭歯という歯があり、エサをかみつぶすのに使われる。

えらぶた
「えら」をおおっているふた。口から水をとりこみ、えらをとおるときに水中の酸素を吸収して、二酸化炭素と水を排出する。

メダカの体型

メダカの体型には、野生のメダカの体型である「ふつう体型」のほかに、品種改良でうまれた「ヒカリ体型」「ダルマ体型」「ヒカリダルマ体型」がある。

ヒカリ体型
尾ビレがひし形で、背ビレとしりビレが同じ形。背が光って見えることからこの名がついた。

ダルマ体型
体が短く、背がもり上がっている。泳ぎが苦手で、水温の変化に弱く、飼育がむずかしい。

ヒカリダルマ体型
ヒカリ体型とダルマ体型の両ほうの特ちょうをもつ。飼育はややむずかしい。

耳
耳たぶや耳の穴はないが、頭の中に音を感じる「内耳」という器官があり、水の状態の変化を感じとることができる。

胸ビレ
体の両側にあるヒレ。泳ぐ方向を変えるときに使う。

背ビレ
体のうしろのほうにあり、水中で体を平行にたもつのに役立つ。オスとメスで形がちがう。

うろこ
皮ふが変化したもの。全身がうろこでおおわれていて、傷や寄生虫から体を守っている。うろこには、体の色を黒っぽくしたり白っぽくしたりする「黒色素胞」という色素がふくまれている（保護色機能 ➡ 9 ページ）。

尾ビレ
大きくて長い。左右にふって前に進む力をうみ出す。

しりビレ
水中で体のバランスをたもつのに役立つ。オスとメスで形がちがう。

肛門
フンをはいせつする。フンの色はエサによって変わる。

腹ビレ
体の両側にある。体のバランスをたもったり、頭を下げたりするのに使う。

オスとメスの見分けかた

オス	メス

メスより体が大きい。背ビレに切れこみがある。しりビレは四角くて大きい。	背ビレには切れこみがなく、丸みがある。しりビレは、三角形に近い。

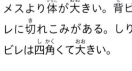
フン

11

1 メダカ・金魚ってどんな魚？

どんな金魚がいるの？

金魚の品種は、100種類以上あるといわれています。代表的な品種を見てみましょう。

＊頭部の先から尾ビレのはしまでの長さを大きさ（全長）としています（成長したときの大きさ）。飼いやすさは目安で、やさしい、ふつう、むずかしいの3段階です。ヒレの形は17ページで紹介します。

体の大きさ、ヒレの形などさまざまな特ちょうがある

金魚は、体の特ちょうにより、5つのタイプに分けられます。体の大きさ、ヒレの形、目のつきかた、うろこの特ちょう、こぶなど、品種によって見た目がまったくちがいます。5つのタイプと、それぞれの代表的な品種を見てみましょう。

5つのタイプ

 ワキン型
 リュウキン型
 ランチュウ型
 オランダシシガシラ型
 パールスケール型

ワキン型

金魚のもとになったフナに近い、スラッとした体型ととがった口もとが特ちょう。すばやく泳ぎ、じょうぶで飼いやすいです。

和金

もっともはやくにうみ出された金魚。色やもようのバリエーションが多く、体がじょうぶで飼いやすいため、人気があります。

DATA
・大きさ：約25 cm
・ヒレの形：四つ尾、三つ尾
・飼いやすさ：やさしい

コメット

「ふき流し尾」とよばれる長い尾ビレが特ちょうで、「すい星」（コメット）の名がつけられました。とても活動的です。

DATA
・大きさ：約30 cm
・ヒレの形：ふき流し尾
・飼いやすさ：やさしい

朱文金

明治時代にうみ出された金魚。体の色は赤、白、黒の3色がまざっています。ゆうがな長いヒレが特ちょう。

DATA
・大きさ：約30 cm
・ヒレの形：ふき流し尾
・飼いやすさ：やさしい

リュウキン型

口もとはワキン型と同じくとがっています。体は丸みがあって短く、上から見ると厚みがあります。

リュウキン

小さな顔と丸っこい体、長いヒレが特ちょう。江戸時代に琉球（現在の沖縄県）から広まったことからこの名でよばれています。

> **DATA**
> ・大きさ：約 20 cm
> ・ヒレの形：四つ尾、三つ尾
> ・飼いやすさ：やさしい

出目金

名前のとおり、目がとび出たようなユニークな姿が人気の金魚。明治時代に中国からもちこまれました。写真は黒出目金です。

> **DATA**
> ・大きさ：約 18 cm
> ・ヒレの形：四つ尾、三つ尾
> ・飼いやすさ：ふつう

土佐金

土佐（現在の高知県）でうみ出された金魚。リュウキンに似ていますが、くるんとカールした尾ビレが特ちょう。

> **DATA**
> ・大きさ：約 15 cm
> ・ヒレの形：反り返った三つ尾
> ・飼いやすさ：むずかしい

ランチュウ型

背ビレがないタイプの金魚。体や頭が丸く、頭部がもり上がった「肉りゅう」が発達している品種が多いです。

ランチュウ

丸い体と、発達した肉りゅうが特ちょう。「金魚の王さま」とよばれるほどファンが多く、全国で品評会が行われています。

> **DATA**
> ・大きさ：約 15 cm
> ・ヒレの形：四つ尾、三つ尾
> ・飼いやすさ：むずかしい

エドニシキ

赤、白、黒の3色の体と、すきとおったうろこをもちます。ランチュウとくらべ、肉りゅうはあまり発達しません。

> **DATA**
> ・大きさ：約 15 cm
> ・ヒレの形：四つ尾
> ・飼いやすさ：むずかしい

水泡眼

中国でうみ出された金魚。目が上を向いたようなユニークな顔と、ほおの大きなふくろ（水泡眼）が特ちょう。

> **DATA**
> ・大きさ：約 22 cm
> ・ヒレの形：四つ尾、三つ尾
> ・飼いやすさ：むずかしい

オランダシシガシラ型

丸く太った体と、頭部の肉りゅうが特ちょう。しし（ライオン）の頭に似ていることから、この名がつきました。

オランダシシガシラ

アズマニシキ

タンチョウ

肉りゅうのある丸い体と長いヒレが特ちょう。全長が30 cmをこえるものもいる大型の金魚で、はく力のある泳ぎが見られます。

赤、白、黒の3色の体の色と、すきとおったうろこがみりょくの金魚。体格がよく、ダイナミックな泳ぎが見られます。

まっ白な体の色と、赤くもり上がった頭部の肉りゅうが特ちょう。タンチョウ（ツル）の色に似ていることから名づけられました。

DATA
- 大きさ：約 30 cm
- ヒレの形：四つ尾、三つ尾
- 飼いやすさ：ふつう

DATA
- 大きさ：約 25 cm
- ヒレの形：四つ尾、三つ尾
- 飼いやすさ：ふつう

DATA
- 大きさ：約 25 cm
- ヒレの形：四つ尾、三つ尾
- 飼いやすさ：ふつう

パールスケール型

丸く短い体と、「パールりん」とよばれる、真珠（パール）を半分にわったような丸いうろこが特ちょう。

ピンポンパール

ちょうちんパール

高頭パール

金魚のなかでは体がやや小さめです。ころころとしたピンポン玉のような丸い体と、短い尾ビレが人気の品種です。

ピンポンパールの仲間で、フナ尾をもつものをちょうちんパールといいます。泳ぎが得意な金魚が多いです。

しわのない大きな肉りゅうをもつ金魚。頭の特ちょうから、高頭パールの名がつきました。とくに中国での人気が高いです。

DATA
- 大きさ：約 12 cm
- ヒレの形：四つ尾、三つ尾
- 飼いやすさ：むずかしい

DATA
- 大きさ：約 12 cm
- ヒレの形：フナ尾
- 飼いやすさ：むずかしい

DATA
- 大きさ：約 16 cm
- ヒレの形：四つ尾、三つ尾
- 飼いやすさ：むずかしい

1 メダカ・金魚ってどんな魚？

金魚の習性を知ろう

金魚を飼う前に、金魚という魚について知り、飼いかたのヒントにしましょう。

川魚のフナを改良してうみ出された魚

金魚は、人間の手によって品種改良でうみ出された魚で、自然界には存在しません。祖先は川にすむフナという魚で、1500年以上前に、中国でとつぜんへんいによってたん生したといわれています。

生活リズムが人と近いことや、水温が下がると動きがにぶくなること、保護色機能があることなど、同じ観賞魚のメダカと共通する習性も多いですが（→8〜9ページ）、金魚ならではの習性や特ちょうもあります。

▲ 金魚（和金）

▲ フナ（ヒブナ）

温和な性質

ほとんどの金魚は温和な性質です。人になれやすく、毎日お世話をしていると、飼い主が近づいたときに寄ってくるようになることもあります。

急な環境の変化に弱い

生存できる水温のはばは、0〜30℃くらいと広めですが、メダカよりも環境の変化には弱く、急に水温や水質が変わると、体調をくずしやすくなります。

水流がおだやかな環境のほうがよい

もともと、金魚はメダカほど泳ぎが得意ではありません。水流が強い環境だと、泳ぐのに体力を使って、弱ってしまうこともあります。また、背ビレがなかったり、丸っこい体をもつ金魚（ランチュウ型やパールスケール型）は、泳ぐのが苦手なので、水流を弱めにしましょう。

15

1 メダカ・金魚ってどんな魚？

金魚の体のひみつ

金魚は品種によって見た目が大きくことなりますが、共通して見られる体の特ちょうを見てみましょう。

フナに近い体のつくり

金魚は、フナをもとに人間が品種改良した魚です。品種によって、体型や尾ビレの形などの見た目がことなりますが、体のつくりや特ちょうは、基本的にはもとになったフナに近いです。

目
前方と左右の広いはんいが見えるが、視力はあまりよくない。品種によって、とび出ていたり、上を向いていたり、ちがいがある。

鼻
左右に1対ずつ、合計4つの鼻のあなをもち、エサや水中のにおいをかぐことができる。呼吸には使われない。

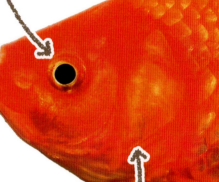

金魚の「上見」とは？
（ランチュウ）

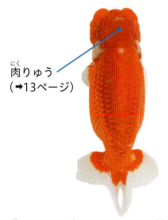

肉りゅう
（→13ページ）

池やかめで飼われることが多かった金魚は、上から見て楽しめるように改良された品種が多いです。金魚を上から見た姿を「上見」といいます（→23ページ）。

口
口の中ではなく、のどのおくに歯（咽頭歯）があり、エサをかみつぶすのに使われる。また、パクパク動かして、水を口の中にとりこむ。

えらぶた
「えら」をおおっているふた。口から水をとりこみ、えらをとおるときに水中の酸素を吸収して、二酸化炭素と水を排出する。オスは、繁殖期にえらぶたに「追星」とよばれる小さな突起が見られる。

追星

側線
体の側面に小さなあながあいたうろこがならんで点線のように見える「側線」という感覚器官がある。水の動きや振動などを感じとれる。

尾ビレ
泳ぐときに前に進むオールの役割をする。品種によって形がちがい、大きな1枚の尾ビレと、2枚の尾ビレをもつタイプに分けられる。

1枚の尾ビレ

フナ尾 原種のフナに似た形。泳ぐのが得意。

ふき流し尾 長くのびた尾。中央に大きく切れこみがある。

2枚の尾ビレ

四つ尾 中央に切れこみがあり、ヒレ先が4つに見える。

三つ尾 上から見たときに、ヒレ先が3つに見える。

背ビレ
水中で体のバランスをたもつ役割をする。

うろこ
皮ふが変化したもの。全身がうろこでおおわれていて、傷や寄生虫から体を守っている。金魚のうろこは品種によってちがい、一般的な「ふつうりん*」、とうめいな「とうめいりん」、丸くもり上がった「パールりん」などがある。

しりビレ
水中で体のバランスをたもつ役割をする。

腹ビレ
体の両側にある。体のバランスをたもったり、頭を下げたりするのに使う。

肛門
フンをはいせつする。フンの色はエサによって変わる。

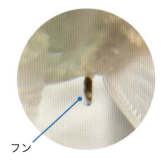
フン

胸ビレ
泳ぐときに止まるためのブレーキや、左右に曲がるときのかじのような役割をする。

オスとメスの見分けかた
メスのほうが、おしりの生殖孔（繁殖に用いる部位）が大きく、出っぱっています。メダカよりもオスとメスを見分けにくいので、購入するときにお店の人に聞きましょう。

*りん：鱗という漢字を音読みしたもの。

17

2 メダカ・金魚をむかえる前に

飼う前に考えよう

命ある生きものをむかえるときは、最期まで責任をもって飼えるか、よく考えてみましょう。

命に責任をもとう

メダカの寿命は2～3年、金魚の寿命は10年以上ともいわれています。いま飼いたいという気もちだけでなく、この先も責任をもってメダカや金魚をお世話することができるか、飼う前にじっくり考えましょう。

メダカ・金魚を飼う前に考えよう

● **毎日お世話ができる？**
食事や水の交かん、水そうの点検、健康チェックなど、メダカや金魚に必要なお世話はたくさんあります。毎日、きちんとお世話ができますか？ いそがしくても、お世話は欠かせません。

● **家族みんなが賛成している？**
家族全員が、メダカや金魚をむかえることに賛成していますか？ また、メダカや金魚を飼うと、グッズやごはん代などのお金がかかります。どのくらいかかるのかも、おうちの人といっしょに確認しましょう。

● **すごしやすい環境をつくれる？**
メダカや金魚を飼う水そうは、魚がストレスを感じないように、家のしずかな場所におく必要があります。また、暑すぎたり寒すぎたりしない環境であることも大切です。

ほかの動物とくらせる？

ねこや鳥は、メダカや金魚をおそうことがあります。いっしょに飼う場合は、ほかの生きものから守るために、水そうにしっかりふたをして飼いましょう。いぬ、うさぎ、ハムスターなどは、いっしょに飼っても問題ありません。

メダカと金魚どちらを飼う？

メダカと金魚にはそれぞれちがったみりょくがあります。どちらも飼いたい場合は、水そうを分けて飼いましょう。

メダカのみりょく

- じょうぶで初心者でも飼いやすい
- 繁殖に成功しやすい
- コンパクトな水そうでも飼える
- 群れで泳ぐ姿が見られる

金魚のみりょく

- 多くの品種から選べる
- 寿命が長い（→5ページ）
- 人になれやすい
- ゆうがに泳ぐ姿が見られる

どんなメダカ・金魚を飼う？

メダカや金魚を飼うことにきめたら、どんな品種を飼いたいか考えましょう。

● どのメダカ・金魚を選ぶか？

メダカや金魚は、さまざまな品種があります。飼いやすさ（→6〜7ページ、12〜14ページ）も参考にして選びましょう。メダカも金魚も原種に近い品種のほうがじょうぶで飼いやすいです。

初心者向き

メダカ / 金魚

原種のメダカに近いほど、じょうぶで飼いやすい。

ワキン型など、フナに体型が近いほうが飼いやすい。

上級者向き

メダカ / 金魚

ダルマ体型など、特ちょう的な品種はややむずかしい。

ランチュウ型やパールスケール型は、水温や水質管理がむずかしい。

● 相性はどうか？

メダカも金魚も、大きさや体型、活動的かなど、性質が近いほうが相性がよいです。たとえば、動きがはやい品種とおそい品種をいっしょに飼うと、はやいほうばかりごはんを食べてしまうことがあります。また、出目金などのように体に特ちょうがある品種は、1ぴきで飼いましょう。

メダカの相性

ヒメダカと白メダカなど、体型が近く動きがはやいものどうしは相性がよい。

金魚の相性

ランチュウとエドニシキなど、動きがゆっくりな品種どうしは相性がよい。

2 メダカ・金魚をむかえる前に

メダカ・金魚をむかえる準備

メダカや金魚をむかえる前に、どんな準備をしたらよいでしょうか。

万全の準備をしてむかえよう

メダカや金魚が安心してくらせるように、むかえる前にしっかり準備をすることが大切です。家の中と外、どちらで飼うかきめたら、水そうやごはんなど、必要なグッズをそろえましょう。

どこで飼うか考えよう

メダカや金魚は、家の中と外、どちらでも飼うことができます。はじめに、どこで飼うかをきめましょう。

● 室内で飼う

雨や風など、天気のえいきょうを受けず、水そう用のヒーターやクーラーで温度を調整できるので、水温や水質を管理しやすいです。また、正面や横、上など、さまざまな角度からメダカをじっくり観察できます。けれども、屋外とくらべて水そうは小さくなりがちなので、飼育できる数がかぎられたり、金魚は大きく育ちにくかったりします。

● 屋外で飼う

太陽の光をたっぷり浴びられるため、グリーンウォーター（→35ページ）とよばれる、植物プランクトン*がたっぷりの環境で飼育できます。けれども、水温が管理しづらく、また、ねこやカラスにおそわれる危険が高いです。

この本では、飼いやすく、観察もしやすい室内での飼いかたを紹介します。

＊植物プランクトン：水中にただよう小さな生きもの。メダカのごはんになる。

必要なグッズをそろえよう

むかえる前に必ず用意したいのは、飼育する水そうとごはんです。そのほかは順次用意していきましょう。

水そうのレイアウト例

水そう

水そうは、いろいろな種類やサイズがある。飼育する魚の数に合わせてサイズを選ぼう（→23ページ）。

一般的な水そう

一般的な四角い水そう。ガラス製、アクリル製など材質はさまざま。

金魚ばち

球体の上を切ったような形のはち。直径10〜30cmほどの大きさ。

すいれんばち

水生の植物や生きものを育てるのに使うはち。とうき製のものが多い。

ろ過そうち

フンやごはんの食べ残しなどのよごれをろ過そうちでとりのぞき、水をきれいにたもつ。水そうのかべにかけるタイプや水そうの底におくタイプがある。

水草

メダカや金魚のかくれ場所や、卵をうみつける場所になる。光合成*をして酸素を出すなど、水質を安定させる役割もする。

エアポンプ

水中に空気を送りこむそうちで、ろ過そうちと組み合わせて使う。水そうの大きさに合わせて選ぼう。水流を調整できるタイプもある。

じゃり

水そうの底にしく石。水質を安定させてくれるびせいぶつ（バクテリア）のすみかになる。

水温計

水の温度をはかるのに使う。つねに水そうのそばにおいて、水温の変化を確認しよう。

ライト

朝つけて夕方に消すことで、1日の変化を感じさせることができる。水草の成長のためにも必要。

ごはん

魚に合わせて用意する。人工飼料と生きえがある（→28ページ）。

あると便利なグッズ

水質安定剤

水道水を飼育に適した水にするために使う（→24ページ）。

水そうのかざり

水そうをかざる岩や土管など。メダカや金魚のかくれ家にもなる。

ヒーターやクーラー

水温を調整するのに使う。繁殖させる場合、ヒーターは必須。

*光合成：植物などが、光を利用して二酸化炭素と水から酸素などをつくり出すこと。

2 メダカ・金魚をむかえる前に

水そうを準備しよう

メダカや金魚をむかえる前に、水そうを準備して、魚がくらしやすい環境をととのえましょう。

どんな水そうにするか考えよう

水そうにどんな水草やじゃり、かざりをおくか考えるのは、観賞魚を飼育する楽しみのひとつです。メダカや金魚がすみやすいレイアウトを考えてみましょう。
重い水そうを運んだり、ろ過そうちの電源をつないだりする準備は、おうちの人に手伝ってもらいましょう。

水そうのおき場所を考えよう

メダカや金魚がおちつける場所に水そうをおきましょう。水を入れた水そうは重く、あとから動かすのは大変なので、はじめによく考えて、おく場所をきめます。

✕ エアコンの風が当たる
エアコンの風が直接当たると、水温が急に変わることがあり、体調をくずしやすくなるのでさけよう。

✕ ドアや窓の近く
ドアの開け閉めや人の出入りがひんぱんな場所はさける。太陽の光が直接当たる窓の近くは、温度変化がはげしいのでさけよう。

✕ 電化製品のそば
電化製品のそばは、音がうるさかったり振動があったりして、メダカや金魚にストレスがかかるのでさけよう。

○ 水平で安定しているところ
水そうの重さにたえられる、水平な台の上におく。ゆかの上に直接おくのは、振動が伝わりやすいのでさけよう。

○ 通気性のよい場所
湿気がこもる場所はさけ、酸素がじゅうぶんにとりこめる、通気性のよい場所に水そうをおこう。

水そうを選ぼう

メダカや金魚の大きさや、飼いたい数に合わせて水そうのサイズを選びましょう。

● 水そうの大きさは？

金魚はおとなになったときの体の大きさを考えて水そうを選びます。金魚ばちやすいれんばち（→21ページ）で飼う場合は、どれくらい水が入るかを確認し、水そうの容量を参考にして選びましょう。

7L 水そう
20 cm × 20 cm × 20 cm
- メダカ 2〜3ひき
- 金魚 1ぴき

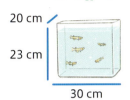

12L 水そう
20 cm × 23 cm × 30 cm
- メダカ 5〜6ぴき
- 金魚 1〜2ひき

35L 水そう
30 cm × 30 cm × 45 cm
- メダカ 7〜10ぴき
- 金魚 2〜4ひき

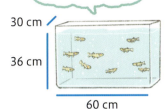

60L 水そう
30 cm × 36 cm × 60 cm
- メダカ 10ぴき以上
- 金魚 4〜6ぴき

🔍 金魚の「横見」「上見」とは？

観賞魚を横から見ることを「横見」、上から見ることを「上見」といいます。メダカは「横見」が一般的ですが、金魚は「横見」が美しく見える品種と、「上見」が美しく見える品種があります。どちらから見たいかによって、水そうを選んでもよいでしょう。

● 横見
ワキン型、リュウキン型、オランダシシガシラ型は横見が美しいので、はばがある規格水そうがおすすめ。

● 上見
ランチュウ型は、上見のほうが肉りゅうや丸い体が見やすいので、はばや奥行きのある水そうがおすすめ。

じゃりや水草を選ぼう

じゃりや水草は、いろいろな種類があります。どんな水そうのレイアウトにしたいか考えて選びましょう。

じゃり
さまざまな種類のじゃりがあります。「じゃり型ろ過材」など、すぐれた機能があるものもおすすめ。つぶが大きすぎると、すきまに食べ残したごはんが入りこみ、水がよごれる原因になるので、つぶは小さめを選びましょう。

じゃり型ろ過材
よごれを吸着し、水をきれいにする機能がある。

五色砂
白や赤、緑など色もさまざま。

水草
育てやすく、水温が20℃くらいでも成長するじょうぶな水草を選びましょう。水草は、成長するのに光が必要なので、ライト（→21ページ）も用意しましょう。

カボンバ
繁殖しやすい。金魚の食べものにもなる。

アナカリス
じょうぶで成長がはやいので、ときどき切ろう。

2 メダカ・金魚をむかえる前に

水を準備して水そうをセットしよう

水そうをセットする前に、飼育用の水を準備しましょう。わたしたちがふだん飲んでいる水道水は安全に飲めるように塩素で殺菌されています。人の体には安全ですが、魚などの水中でくらす生きものの体には合いません。まず、つぎの方法で適した水を準備しましょう。

水の準備のしかた

水道水を容器に入れて太陽の光に当てる「くみおき」か、「水質安定剤」を使って水を用意しましょう。

● くみおきする

バケツなどの口が広い容器に水道水を入れ、ふたをせずに、太陽の光が当たる場所におきます。屋外なら1日くらい、室内の場合は2〜3日おいてから使います。ごみや雨水が入らないように、おき場所には注意しましょう。

● 水質安定剤を使う

水質安定剤をパッケージの表示にしたがって水に入れてとかします。すぐに使えるので、水そうに水を入れて、直接水質安定剤を入れてもよいでしょう。使用する量を守り、入れすぎないように注意します。

水温や水質を確認しよう

水が用意できたら、水温と水質を調べて、メダカや金魚がすごしやすい水になっているか確認しましょう。

水温

メダカも金魚も、16〜25℃くらいが適温です。水温計で正確にはかり、水温が高すぎたり低すぎたりする場合は、しばらく室内においておくなどして、調節しましょう。

水質

水質は、pH*を調べることでわかります。メダカや金魚の飼育には、中性（pH7）前後の水が適しています。pHはテストペーパーという道具で調べられ、pHが極たんにかたむいている場合は、pH調整剤で調節できます。

◀ テストペーパー

◀ pH調整剤

*pH：その液体の性質が酸性・中性・アルカリ性かを判別するための数値。

水そうをセットしよう

水そうのおき場所をきめ、じゃり、水草などのグッズ、魚を飼育するための水の準備ができたら、いよいよ水そうをセットし、水を入れていきます。水そうにすぐにメダカや金魚を入れてはいけません。まず、ろ過そうちで水をじゅんかんさせ、水質を安定させる必要があります。水質が安定するまで1週間ほどかかるので、メダカや金魚をむかえる1週間前には、水そうの準備を終えましょう。

水そうのセットのしかた

1 グッズを水で洗う

水そうにセットする前に、すべてのグッズを水できれいに洗う。水草は、貝の卵などがついていることがあるので、水道水でよく洗う。

2 水そうをおき、じゃりをしく

水平な台の上にすべり止めシートをしいてから、水そうをおく。じゃりを水そうの底にしきつめる。高さ3～4cmを目安に。

3 ろ過そうちとエアポンプをセット

水そうに、ろ過そうちとエアポンプをとりつける。

4 水草やかざりを入れる

水草と、岩などのかざりを入れる。メダカや金魚が泳ぐスペースをじゅうぶんにとるために、かざりは入れすぎないようにしよう。

5 水を入れる

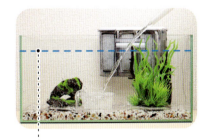

じゃりや水草が動かないよう、しずかに水を入れる。水そうのふちのギリギリまで水を入れると、メダカや金魚が水そうからとび出すことがあるので、水の量は8分目くらいまでにする。

6 水温計やライトをセット

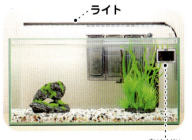

水温計やライトをセットしたら、水そうの準備は完了。ろ過そうちの電源を入れて、水質が安定するまで1週間ほど水をじゅんかんさせよう。

25

2 メダカ・金魚をむかえる前に

むかえるときの注意

家に来たメダカや金魚を健康に飼育するためには
どんなことに気をつけたらよいでしょう？

健康なメダカや金魚をむかえよう

お店にはいろいろな品種のメダカや金魚がいます。飼いたい品種をきめたら、なるべく元気な魚を選びましょう。メダカや金魚はインターネットからでも購入できますが、できれば直接お店に行って、自分の目で見て健康な魚を選ぶようにします。

メダカや金魚と出会える場所はいろいろあります。むかえたあとも、しっかりサポートしてもらえるところを選びましょう。

どこからむかえる？

熱帯魚店
観賞魚の専門店なら、いろいろな品種のメダカや金魚から選べる。お店の人がメダカや金魚にくわしいことが多いので、飼育の注意点なども聞くことができる。

ペットショップ
ホームセンターやペットショップでも、メダカや金魚をあつかっているところは多い。グッズやごはんなども購入できる。

養魚場や品評会
メダカや金魚を繁殖している養魚場や、美しさなどを競い合う品評会でも購入できる。飼育グッズはべつのお店で購入する必要がある。

金魚すくいで魚をとったときは？

金魚すくいの金魚はじょうぶな和金であることが多いので、じょうずに飼えば長くいっしょにいられます。金魚をとってきたら、できるだけはやく飼育グッズを用意して、環境をととのえましょう。

メダカや金魚をむかえるとき

メダカや金魚をむかえるときは、ひんぱんにようすを見られるよう、休日の午前中にむかえましょう。

● メダカや金魚のようすを聞く

むかえるメダカや金魚についてくわしく知っているのは、お店の人です。気になることはなんでも聞きましょう。

● 健康なメダカや金魚をむかえる

つぎのポイントを参考に、体の状態や動く姿などをよく観察し、むかえる魚をきめましょう。

聞くこと
- メダカや金魚の品種
- メダカや金魚の年れいや性別
- ふだんのようす
- どんなごはんを食べているか
- いまの健康状態はどうか
- 飼育の注意点はあるか

健康なメダカ・金魚
- 体の左右のバランスがとれている
- ヒレがボロボロになっていたり、折りたたまれたりしていない
- やせすぎていない
- 体に傷がない
- 水底や水面でじっとしていない
- 群れからはなれていない（メダカの場合）
- 体のバランスをくずしたり、ひっくり返ったりしていない
- フラフラしているなど、変な泳ぎかたをしていない

家に連れて帰ったら

メダカや金魚を連れてきて、すぐに水そうに入れると、水が急に変わったことで体が弱ってしまいます。水そうに入れる前に、水にならす「水合わせ」を行いましょう。

水合わせのやりかた

❶ 水温を合わせる

プラスチックケース

メダカや金魚を、お店から連れてきたときに入っていたふくろの水といっしょに、水合わせ用のプラスチックケースにうつす。そのケースを水そうにうかべる。

❷ 水そうの水を少しずつまぜる

そのまま30分ほどうかべて水温を合わせたら、水そうの水をカップでくんで、メダカや金魚が入っているケースに少しずつまぜる。ようすを見ながら数秒おきに水をまぜよう。

❸ 水そうにはなす

メダカや金魚をネット（→32ページ）ですくい、水そうにはなす。❶のケースに入っている水は、細菌がいるかもしれないので、水そうには入れない。

27

3 メダカ・金魚のお世話をしよう

ごはんをあげよう

メダカや金魚が健康にすごせるように、正しいごはんのあげかたをおぼえましょう。

毎日の食事が大切！

メダカや金魚も、わたしたち人間と同じように、健康をたもつためには毎日のバランスのよい食事が大切です。それぞれの魚に合ったごはん（飼料）を選び、毎日きまった量をあげるなど、知っておきたい食事のルールを確認しましょう。

ごはんを選ぼう

メダカや金魚に必要な栄養素がバランスよくふくまれ、手に入れやすい「人工飼料」を基本にあげましょう。生きたイトミミズやアカムシなどの「生きえ」は食いつきがよいので、手に入れられたときはあげてみましょう。

● 人工飼料

つぶ状

栄養バランスがよい。つぶの大きさに種類があり、魚の大きさに合わせて選べる。

フレーク状

水にうきやすく、魚が食べやすい。水にとけやすいので、食べ残しに注意しよう。

乾燥ミジンコ

フリーズドライ＊のミジンコ。食いつきがよく、栄養バランスもすぐれている。

● 生きえ

イトミミズ

生きたイトミミズやアカムシなど。メダカや金魚の食いつきはよいが、これだけだと栄養バランスがくずれやすい。生きえを冷凍にした商品もある。

> お店では、魚の種類ごとに人工飼料や生きえが売られているよ。お店の人にたずねてみよう。

＊フリーズドライ：食品をこおらせてから乾燥させたもの。栄養が失われにくく、長く保存できる。

ごはんをあげてみよう

ごはんをいきおいよく食べている姿を見ると、「おなかがすいていたのかな？」と思ってしまいがちです。けれども、メダカや金魚は少しずつしかごはんを食べられず、食べ残しは水をよごす原因になります。また、食べすぎは病気につながることもあるので、ごはんはひかえめを心がけましょう。食べ残しはネットですくってとりのぞきましょう。

ごはんのあげかた

● **1日2回あげる**

ごはんは1日2回、朝と夕方にあげる。メダカや金魚が活発に動く、朝8時〜夕方6時くらいまでの間に2回、時間をあけてあげる。

● **すぐに食べきれる量をあげる**

1回の量は、あげてから3〜5分で食べきれるくらいに。魚の頭の半分くらいの量を目安に、ようすを見ながら量を調整しよう。

● **寒い時期は少なめにする**

水温が下がると、メダカや金魚の活動量がへる。食事量もへり、ごはんを残しやすくなるので、あげる量はひかえめにしよう。

● **コミュニケーションをとってみる**

金魚はとくに、ごはんをあげようとするとこちらに寄ってくるので、声をかけてコミュニケーションをとってみよう。

🔍 ごはんの保存のしかたは？

ごはんは、密閉できるふたつきの容器に入れて保存しましょう。保存場所はパッケージの説明にしたがいます。湿気に気をつければ、開封してから6か月くらいは保存できるものが多いです。開封したあとは少しずつ品質が落ちていくので、買いだめしないようにしましょう。

3 メダカ・金魚のお世話をしよう

水そうに気を配ろう

水そうは、メダカや金魚にとって家となる場所。
快適にくらせるよう、水そうの状態に気を配りましょう。

1日2回、朝と夕方に水そうを観察しよう

室内で飼う場合、水そうは部屋の温度や湿度のえいきょうを受けやすくなります。メダカや金魚は急な環境の変化に弱いので、できるだけすごしやすい水温にたもちましょう。1日2回、ごはんをあげる朝と夕方に、水そうのようすを確認するとよいでしょう。そのときに、ろ過そうちやじゃり、水草などに問題がないかもチェックしましょう。

お世話の流れ

1日のお世話の流れを見てみましょう。朝は飼育グッズの点検、夕方は水の状態の点検などときめておくと、忘れずにチェックできます。

☀ 朝

●ライトをつける
朝、8時ごろにライトをつける。家にいない場合は、タイマーで自動でつくものを使おう。

●ごみをとる
水にごみがういていたら、ネットでとりのぞく。

●飼育グッズの点検
ライトや水草、ろ過そうちなどの飼育グッズを点検する（→31ページ）。

●ごはんをあげる
朝のごはんをあげる（→29ページ）。

🌙 夕方

●水の状態の点検
水温や水質を確認。問題があるときはヒーターやクーラーを使ったり、水がえをしたりする。

●ごみをとる
水にごみがういていたら、ネットでとりのぞく。

●ごはんをあげる
夕方のごはんをあげる（→29ページ）。

●ライトを消す
1日のライトをつける時間の目安は、8〜10時間くらい。18時ごろにはライトを消そう。

飼育グッズを点検しよう

飼育グッズが正常にはたらいていないと、水温が急に変化したり、水質が悪化したりして、メダカや金魚の体に負たんがかかります。毎日、きちんと動いているか確認しましょう。

ライト
ライトはきちんとついているか。ライトがつかなくなると、魚の生活リズムがくずれたり、水草の成長にもえいきょうするので、はやめに交かんしよう。

水草
水草がのびすぎていたら、ハサミで切る。かれたり、いたんだりしている葉もカットしよう。水草に卵がうみつけられているときは、水草ごとべつの水そうにうつす（→37ページ）。

ろ過そうち・エアポンプ
フィルターのすいこみ口がつまっていないか、フィルターがよごれていないか確認する。フィルターがよごれている場合は、洗ったり、交かんしたりする。

じゃり
食べ残したごはんや、フンなどでじゃりがよごれていないか確認する。じゃりがよごれていると、水質が悪化しやすくなるので、はやめに洗おう（→33ページ）。

水温計・ヒーターやクーラー
水温調整のためにヒーターやクーラーを使っている場合は、正常に動いているか確認する。水温が急に変化すると、メダカや金魚の命にかかわることもあるので注意しよう。

水の状態に気をつけよう

1年をとおして適切な水温をたもつことが大切です。とくに、夏や冬は水温が変化しやすいので、エアコンで室温を管理しながら、クーラーやヒーターを使って水温を調節しましょう。

春
メダカや金ぎょにとってすごしやすい季節。朝や夜は冷えこみやすいので、気温が安定するまではヒーターで水温を管理しよう。

夏
水そうを風とおしのよい場所においたり、水そう用のクーラーを使ったりして、水温が30℃をこえないようにしよう。

秋
メダカや金ぎょにとってすごしやすい気候だが、寄生虫などによる病気（→42ページ）も発生しやすい。メダカや金魚の健康状態には気をつけよう。

冬
メダカや金魚は水温が下がりすぎると、動きがにぶくなる。室内で飼う場合は、ヒーターを使って、水温が15℃を下まわらないように調節しよう。

3 メダカ・金魚のお世話をしよう

水がえ、大そうじをしよう

水そうには少しずつよごれがたまっていきます。
定期的に水そうのそうじをして、水を入れかえましょう。

水をきれいにたもって メダカや金魚の健康を守ろう

ろ過そうち（→21ページ）をつけていても、フンや食べ残しなどで水そうの水はだんだんよごれていきます。水質が悪くなると、体調をくずしやすくなり、病気にもかかりやすくなるので、定期的に水を交かんしたり、大そうじをしたりする必要があります。

水がえは週に1回、大そうじは2〜3か月に1回が目安です。水がえのときは、一度にすべての水を交かんすると魚の体に負たんがかかるので、水そうの水を3分の2くらい残して交かんしましょう。

3分の2くらい残して水がえする

水がえ、大そうじで使うもの

水がえ用ポンプ▶
水そうを動かさずに、水をぬいたり新しい水を入れたりできる。電動と手動のものがある。

予備の水そう▼
大そうじのときに、メダカや金魚をうつすのに使う。バケツでもよい。

ネット▶
メダカや金魚を予備の水そうにうつしたり、水そうのごみをとりのぞくときに使う。

◀コケとり
水そうやグッズをそうじするのに使う、専用のブラシ。

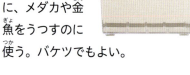
◀じゃり用スコップ
じゃりを水そうからとり出すときに使う。あみになっているので、じゃりだけすくえる。

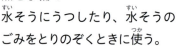
◀歯ブラシ
飼育グッズの細かい部分のよごれを落とすときにあると便利。使い古した歯ブラシでよい。

水がえをしよう

水がえは、メダカや金魚の健康をたもつために欠かせません。けれども、水中には水質をたもつのに役立つバクテリア（→24ページ）というびせいぶつもすんでいます。バクテリアを残すためにも、水を3分の2くらいは残して水がえをしましょう。また、新しい水と古い水の温度差がありすぎると、メダカや金魚の体に負たんがかかり、病気にかかりやすくなるので注意しましょう。

水がえの目安
- 春と秋は週に1回
- 夏は週に1〜2回
- 冬は1か月に1回
- 水が白くにごっているとき
- メダカや金魚が水面で口をパクパクさせているとき

水がえのやりかた

1 飼育用の水をつくる

くみおきをしたり、水質安定剤を使ったりして、あらかじめ飼育用の水を用意しておく（→24ページ）。

2 目立つごみをとりのぞく

フンやごはんの食べ残しなどをネットでとりのぞく。じゃりがよごれていたら、スコップでその部分だけすくって洗う。

3 水そうの水をぬく

メダカや金魚を傷つけないように注意し、水そうの水を3分の2ほど残して水がえ用ポンプで水をすい出す。

4 水を加える

用意した❶の水を、メダカや金魚をおどろかせないように、しずかに水そうにそそぐ。

💡 水がえをした日はごはんをあげない

水がえや大そうじ（→34ページ）をすると、メダカや金魚は新しい水になれるのにつかれてしまうため、消化不良を起こしやすくなります。水がえや大そうじをした当日は、ごはんはあげないようにしましょう。

3 メダカ・金魚のお世話をしよう

大そうじをしよう

水そうの大きさや、飼っているメダカや金魚の数にもよりますが、2～3か月に1回を目安に、水をすべて交かんして、水そうや飼育グッズをきれいに洗いましょう。大そうじのあとは、ふだんの水がえよりももっとメダカや金魚に大きな負たんがかかります。当日はごはんをあげず、いつもとちがうところがないか、ようすを観察しましょう。

! 大そうじの注意点

- そうじの前とあとには手を洗う
- 大そうじをはじめる前にメダカや金魚を予備の水そうにうつす
- 洗剤は絶対に使わない

大そうじのやりかた

1 メダカや金魚を移動する

飼育用の水をあらかじめ用意する。ろ過そうちやライトなどの電源をすべて切る。メダカや金魚を予備の水そうやバケツに古い水ごとうつす。

2 グッズをとり出す

水そうの中に入っているろ過そうちや水草などの飼育グッズをとり出す。とり出したグッズは、歯ブラシやスポンジで洗い、水道水できれいにすすぐ。

3 水をぬく

水がえ用のポンプで水をすべてぬく。

4 じゃりを洗う

スコップでじゃりをとり出し、バケツなどに入れて水道水でよごれをさっと洗う。バクテリアを残すために、❸でぬいた水でじゃりを軽くすすぐ。

5 水そうをコケとりでふく

水とじゃりをすべてぬいたら、水そうをコケとり（→32ページ）でふいてきれいにする。

6 じゃりをもどし、水をそそぐ

じゃりとグッズを水そうにもどし、飼育用の水をしずかにそそぐ。ろ過そうちをセットして1時間ほど水をじゅんかんさせたら、メダカや金魚をネットですくって、水そうにもどす。

もっと知りたい 屋外で飼育するときは

メダカや金魚は屋外で飼うこともできます（→20ページ）。屋外なら大きな容器を使い、植物プランクトンがふくまれる「グリーンウォーター」で飼育できるため、メダカや金魚を健康に飼育できます。けれども、植物プランクトンが増えすぎると、水質が悪化して「アオコ」という状態になることもあります。アオコになると、酸素が不足して命の危険があるので注意しましょう。また、健康チェックがしにくかったり、ねこやカラスなどにおそわれやすくなったりするなど、注意すべき点もあります。

アオコにならないよう、こまめに水の状態を確認し、週に1回くらいを目安に水がえをしよう。

屋外飼育のやりかた

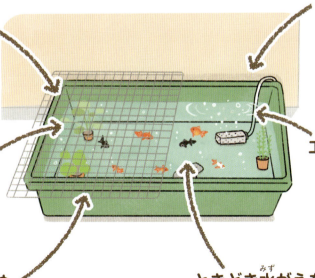

あみをかぶせる
ねこやカラス、カエルなどにメダカや金魚がおそわれないように、あみやネットをかぶせて魚を守ろう。

水草を入れる
水草は日かげをつくり、メダカや金魚がかくれる場所にもなるので、泳ぐのにじゃまにならない程度に入れよう。

容器はトロ船がおすすめ
屋外飼育には、じょうぶで軽くてあつかいやすい「トロ船」とよばれるプラスチックケースがおすすめ。ホームセンターなどで購入できる。

日かげにおく
とくに夏は、太陽の光が当たると、水温が上がりやすい。日かげにおいたり、日よけをおいて水温を調整しよう。

エアポンプで酸素を送る
電源があるなら、エアポンプ（→21ページ）で水中の酸素を増やすと、夏の暑い時期でもメダカや金魚が酸欠になりにくい。

ときどき水がえをする
室内で飼うよりも水はよごれにくいが、1週間に1回くらい水がえ（→33ページ）をする。バケツに水道水を入れてくみおきし、飼育容器のそばにおいておくと、水温が合わせやすく、魚に負たんなく水がえができる。

35

3 メダカ・金魚のお世話をしよう

メダカや金魚をふやそう

卵をふ化＊させて、メダカや金魚をふやし、赤ちゃんが育つようすを観察しましょう。

育てられる数だけ卵を育てよう

メダカや金魚は、春になって水温が上がり、18～20℃をこえるくらいになると卵をうみます。卵を見つけたら、ふ化にチャレンジして、メダカや金魚の赤ちゃんが育つようすを観察してみましょう。ただし、ふえすぎて飼いきれなくならないように、育てられる数だけ卵を残しましょう。

おなかに卵をつけたメスのメダカ。おなかがふくらんでいる。

産卵の特ちょう

野生ではおもに春に産卵しますが、飼育しているメダカは条件がそろえば1年中産卵します。金魚は「季節の変化」を感じさせることが大切なので、水温が変化しにくい室内で産卵させるのはむずかしいです。金魚を繁殖させたいなら、屋外飼育がおすすめです。

メダカ

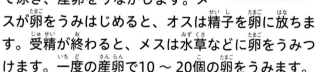

メスのおなかが大きくなると、オスはメスをだきかかえるようにして泳ぎ、産卵をうながします。メスが卵をうみはじめると、オスは精子を卵に放ちます。受精が終わると、メスは水草などに卵をうみつけます。一度の産卵で10～20個の卵をうみます。

産卵の条件
- 生後3か月以上のオスとメスがいる
- 水温が18～23℃
- 1日12～13時間以上光が当たる

金魚

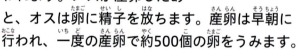

繁殖期のオスは、えらぶたに追い星（→16ページ）があらわれます。メスが産卵したあと、オスは卵に精子を放ちます。産卵は早朝に行われ、一度の産卵で約500個の卵をうみます。

産卵の条件
- 生後1さい以上のオスとメスがいる
- 水温が20℃以上
- 1日12～13時間以上光が当たる
- 冬から春、夏から秋への季節の変化を水温や日照時間（光が当たる時間）で感じる

＊ふ化：卵からうまれて稚魚になること。

卵を見つけたら

水草などに卵を見つけたら、ふ化用の水そうを用意し、卵がついた水草ごと移動させましょう。親といっしょの水そうに卵を入れたままにすると、食べられてしまいます。

メダカや金魚がうんだ卵は、水そう内にちらばりやすいです。卵のふ化を考えているなら、あらかじめ「産卵床」を水そうに入れておくとよいでしょう。

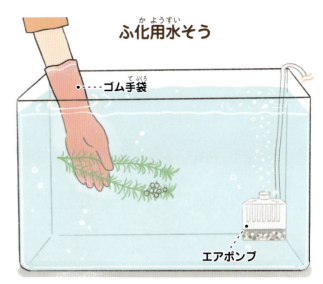

ふ化用水そう／ゴム手袋／エアポンプ

飼育用の水を用意する。ふ化するまで水がえはしないほうがよいので、たっぷり水が入る水そうを用意しよう。ろ過そうちやじゃりは入れない。

▶産卵床
水そうにうかべておく。水の表面近くでくらすメダカや金魚が、卵をうみつけやすい。

ふ化まで見守ろう

ふ化用の水そうに卵をうつしたら、卵がふ化するまで、卵が変化するようすを観察しながら見守りましょう。

● ふ化にかかる日数は？

メダカ
ふ化までにかかる時間は、「250÷水温」で計算できます。たとえば、水温が25℃なら10日、20℃なら12〜13日です。

金魚
水温によって多少変わりますが、5〜6日でふ化することが多いです。

● ふ化まで気をつけることは？

水温が20℃以下にならないように注意し、できるだけ一定にたもちます。卵の中身が白くにごっている場合、カビてしまっているので、ほかの卵にカビがうつる前にとりのぞきましょう。

カビて白くなった卵。ピンセットでつまんで、はやめにとりのぞこう。

卵の変化（メダカ）

1. **受精から数時間**
メダカの体のもとになる、小さなあわのようなものがたくさんあらわれる。

2. **2〜3日後**
頭や目ができてくる。

3. **4〜6日後**
心ぞうが動いているのが見られる。

4. **10日後**
ふ化直前になると、卵の中で体を活発に回転させるようすが見られる。

3 メダカ・金魚のお世話をしよう

卵からふ化した稚魚を育てよう

金魚は、卵の中でじゅうぶんに育つと、自分で卵のからをやぶってふ化します。稚魚（魚の子ども）がうまれたら、そのまま親とはべつの水そうで育てましょう。

うまれたばかりのメダカや金魚の稚魚は、細い針のような姿をしていることから「針子」とよばれます。針子は、うまれてからしばらくは泳がずにじっとしていて、2～3日たってから泳ぎ出します。

▲ メダカの稚魚

▲ 金魚の稚魚

稚魚を育てよう

稚魚は、ふ化用水そうでそのまま育てます。毎日稚魚を観察し、お世話をしましょう。メダカは生後7～8か月くらい、金魚は生後1年くらいでおとなになります。

水そうのレイアウト

水草を入れ、エアポンプは弱めでセットする。ろ過そうちとじゃりは、稚魚がすいこまれたり、はさまれたりする危険があるので使わない。

水温

20℃より低くならないようにし、できれば25℃くらいにたもつ。成長には光が必要なので、太陽の光がほどよく当たる場所におくか、ライトをつける。

水がえ

ふ化してすぐは水がえをひかえ、10日ほどたったら、3分の1ほど水がえをする（→33ページ）。そのあとは、週に1回のペースで水がえする。ポンプで水をぬくときに稚魚をすいこまないように気をつけよう。

ごはん

生後すぐはあげず、2～3日して動き出したら、稚魚用のごはんか、成魚用のごはんをくだいてあげる。ブラインシュリンプ＊もおすすめ。

卵 →24時間後→ ふ化

▲ ブラインシュリンプ
栄養価が高く食いつきがよい。パッケージにしたがって、卵を塩水でふ化させてからあげよう。

成長したら

親と同じ水そうにうつせるのは、体が大きくなり、親に食べられる心配がなくなってからです。メダカは親の全長の半分くらい、金魚は全長3cmくらいを目安にしましょう。親と同じ大きさになるまでは、つぶが小さい稚魚用のごはんをあげましょう。

＊ブラインシュリンプ：小さなえびのなかま。メダカや金魚の稚魚用の生きえ。

もっと知りたい 飼育した魚の放流はダメ！

メダカや金魚を飼えなくなったからといって、自然の川や池などに流す「放流」をしてはいけません。川や池には、もともとそこでくらす生きものがいます。飼育した魚がそこにまざると、もともと自然にいた生きもの（在来種）を食べたり、病気をもちこんだり、交配したりして、地域の生態系*に深こくな問題を引き起こします。近年、メダカや金魚など観賞魚の放流が自然に大きなえいきょうをあたえることが問題になっています。水草も卵がついている可能性があるので、自然に捨てないようにしましょう。

メダカによくにたカダヤシって？

人間によって、もともとその地域にいなかった生きもの（外来種）がもちこまれると、生態系にえいきょうをあたえてしまいます。なかでも、環境に深こくなえいきょうがあるものを「特定外来生物」といい、「外来生物法」という法律で飼うことが禁止されています。メダカによくにた特定外来生物に、カダヤシという魚がいます。野生のメダカをとろうとして、あやまってつかまえてしまわないよう注意しましょう。

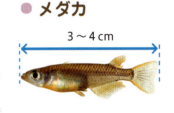

●メダカ　3〜4cm　　●カダヤシ　3cm
しりビレの形がちがう　尾ビレが長い

メダカがふえすぎてしまったら

メダカは水温を管理していると1年中繁殖するので、ふえすぎてしまうことがあります。これ以上ふやしたくないときは、卵をべつの水そうにうつさずにそのままおいておけば、親メダカが卵を食べてしまうため、ふ化しません。ふえすぎてしまった場合も絶対に放流してはいけません。知り合いにおねがいして飼ってもらうか、お店で引きとってくれるところもあるので、問い合わせてみましょう。

*生態系：地球上の生きものは、ほかの生きものや自然とかかわり合いながら生きている。こうした生きものや、それらが生きる自然環境を合わせて生態系という。

3 メダカ・金魚のお世話をしよう

健康チェックをしよう

メダカや金魚の不調にはやめに気づけるように、毎日のお世話をしながら、ようすを確認しましょう。

メダカや金魚の健康を守ろう

魚は、具合が悪くても言葉で伝えることができません。体のようすや行動を観察し、メダカや金魚からのSOSに気づくのは、飼い主の大事なつとめ。病気やケガに気づくには、健康なときのようすを知っておくことも大切です。ふだんとくらべて、あてはまるようすがあれば、チェック表の□に✓を入れましょう。

チェック表はコピーして使いましょう。気になることは、表紙うらの「健康観察カード」に書いておくと、不調にはやく気づけます。左の二次元コードからもダウンロードできます。

✓ 食欲と行動のチェック

ごはんをあげたとき、水そうの状態をチェックするときなどに、メダカや金魚のようすを観察しましょう。

- □ ごはんをあまり食べない。
- □ 泳ぎがふだんよりおそい。
- □ 上下にうきしずみをくり返す。
- □ 水面にういている。
- □ おなかを上にしてひっくり返っている。
- □ 底のほうでじっとしている。
- □ 水草などにかくれて出てこない。
- □ じゃりや水草に体をこすりつけている。
- □ 水面の近くで口をパクパクさせている。
- □ 群れからはなれてじっとしている（メダカの場合）。

ごはんをあげたときに食いつきが悪いなど、いつもとちがうようすがある場合、なんらかの不調をかかえている可能性があります。

✅ メダカの体のチェック

メダカの体にいつもとちがうところがないか、つぎのチェックポイントを見ながら確認しましょう。

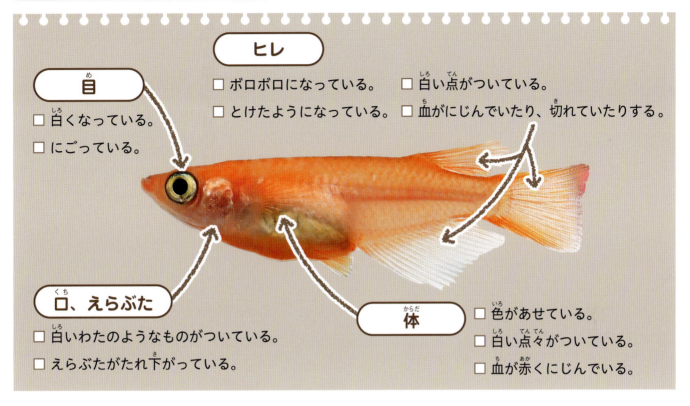

目
- ☐ 白くなっている。
- ☐ にごっている。

ヒレ
- ☐ ボロボロになっている。
- ☐ とけたようになっている。
- ☐ 白い点がついている。
- ☐ 血がにじんでいたり、切れていたりする。

口、えらぶた
- ☐ 白いわたのようなものがついている。
- ☐ えらぶたがたれ下がっている。

体
- ☐ 色があせている。
- ☐ 白い点々がついている。
- ☐ 血が赤くにじんでいる。

✅ 金魚の体のチェック

金魚の体にいつもとちがうところがないか、つぎのチェックポイントを見ながら確認しましょう。

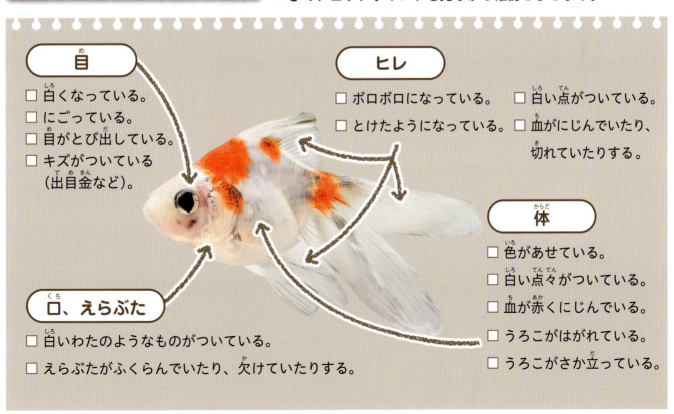

目
- ☐ 白くなっている。
- ☐ にごっている。
- ☐ 目がとび出している。
- ☐ キズがついている（出目金など）。

ヒレ
- ☐ ボロボロになっている。
- ☐ とけたようになっている。
- ☐ 白い点がついている。
- ☐ 血がにじんでいたり、切れていたりする。

口、えらぶた
- ☐ 白いわたのようなものがついている。
- ☐ えらぶたがふくらんでいたり、欠けていたりする。

体
- ☐ 色があせている。
- ☐ 白い点々がついている。
- ☐ 血が赤くにじんでいる。
- ☐ うろこがはがれている。
- ☐ うろこがさか立っている。

メダカや金魚の病気やケガ

もっと知りたい

メダカや金魚がかかりやすい病気を知っておくと、予防や早期発見につながります。命を守れるように、あらかじめ確認しておきましょう。

白点病

魚によく見られる病気で、白点虫という寄生虫が原因で発症します。体の表面やヒレに、白い点がポツポツとあらわれ、悪化すると体全体に広がって、白いまくでおおわれたようになります。放っておくとごはんを食べなくなって弱っていき、命を落とします。

写真提供：水産大学校

予防 春や秋に発症しやすいので、この時期はとくに水質の悪化に注意する。新しくむかえたメダカや金魚は、べつの水そうで水温25℃以上の塩水浴（→45ページ）を行ってから水そうに入れる。

治療 白点虫は高温に弱いので、水温を25℃以上にして塩水浴を行う。または、専用の薬で薬浴（→45ページ）を行う。

尾ぐされ病

尾ビレの先が白っぽくなり、赤く血がにじんだりして、しだいに切れてボロボロになっていく病気です。カラムナリス菌という細菌に感染することが原因で起こります。尾ビレだけでなく、背ビレ、腹ビレ、えら、口などにも感染します。

写真提供：日本動物薬品株式会社

予防 カラムナリス菌はもともと水中にいて、メダカや金魚が弱っていると感染しやすい。水質を管理して、メダカや金魚の体に負たんをかけないようにする。

治療 塩水浴や薬浴（→45ページ）を行う。初期段階であればヒレは再生するが、つけ根まで進行すると再生できなくなるので、はやめに治療しよう。

水カビ病 メダカ 金魚

体の表面やヒレに水カビが発生することで起こる病気で、「綿かむり病」ともよばれます。水中にはもともと水カビがいますが、健康なメダカや金魚には感染しません。傷があると、傷口などから感染して菌糸が体の中に入りこみ、養分をうばっていきます。

写真提供：日本動物薬品株式会社

予防 傷口から感染するので、体の表面やえらが傷つかないように注意する。大そうじなどでメダカや金魚をネットで移動させるときは、とくに気をつけよう。

治療 ピンセットで水カビをとりのぞいてから、薬浴（→45ページ）で治療する。

エロモナス症 メダカ 金魚

体の表面に出血や充血が見られる病気です。もともと水中にいる、エロモナス菌に感染することで起こります。水温や水質が悪化して、メダカや金魚の体に負たんがかかると発症しやすくなるので、水質に気をつけましょう。

穴あき病 メダカ 金魚

うろこが充血し、それが広がって、うろこがはがれて皮ふに穴があいたように見える病気です。エロモナス菌などの細菌が原因で、おもに傷口から感染します。水温が低いと発症しやすいので、20℃以上にたもちましょう。

松かさ病 メダカ 金魚

うろこがささくれ立ち、めくれて松かさ（松ぼっくり）のようになる病気です。エロモナス菌による感染症が原因といわれ、悪化するとおなかに水がたまって元気がなくなり、命にかかわります。水をきれいにたもち、感染をふせぎましょう。

転ぷく病 金魚

金魚に見られる病気で、おなかを上にしてひっくり返った状態になります。リュウキン型やオランダシシガシラ型など（→12～14ページ）、丸い体型の金魚に多く見られます。遺伝のほか、消化不良が原因になるので、ごはんのあげすぎに注意しましょう。ほかの金魚に感染することはありません。

写真提供：日本動物薬品株式会社

3 メダカ・金魚のお世話をしよう

病気やケガに気づいたら

病気やケガに気づいたら、どうすればよいのでしょう？すぐに行うことと、家で治療する方法をおぼえましょう。

ほかのメダカや金魚を感染から守ろう

メダカや金魚の病気は、寄生虫や細菌などの感染によって起こります。病気やケガに気づいたら、ほかの魚に感染しないよう、すぐに不調が見られるメダカや金魚を、べつの水そうにうつしましょう。
メダカや金魚を診察している動物病院は少ないため、塩水浴や薬浴などを行って、家で治療する方法も知っておきましょう。

不調に気づいたら

健康チェック（→40ページ）で不調に気づいたら、感染症をふせぐためにすぐに対応しましょう。

● **すぐに水そうを分ける**

1ぴきが病気にかかると、いっしょにくらすほかのメダカや金魚にうつることがあります。病気になった魚は、すぐにべつの水そうに移動させましょう。また、傷がある場合も、傷口から感染症にかかるリスクが高いので、すぐにうつします。ほかのメダカや金魚も病気にかかっていないか、注意深く確認しましょう。

● **水そうを大そうじする**

病気の魚がいた水そうは、大そうじ（→34ページ）して、感染を予防しましょう。

塩水浴をしよう

病気の症状が軽いなら、塩水にメダカや金魚を入れる「塩水浴」で治る可能性があります。メダカや金魚を塩水に入れることで、感染症の原因となる菌やカビを殺すことができるからです。
メダカや金魚の体に負担がかからないように、塩水は0.5％（水1Lに対して5gの塩をとかす）でつくります。塩水浴は1週間ほど行い、その間、ごはんはあげないか、ほんの少しの量にしましょう。

用意するもの

塩
あら塩がよい。

薬浴をしよう

症状が重いときや、不調の原因が感染症であることが明らかなときは、薬浴で治療します。熱帯魚専門店などで症状に合ったメダカや金魚用の薬を購入できます。薬浴は、症状に合わせて2日〜1週間ほど行い、薬浴の間はメダカや金魚にごはんをあげないようにします。

用意するもの

薬
症状に合ったメダカや金魚用の薬を用意する。

塩水浴・薬浴のやりかた

1 飼育用の水を用意する

くみおきをしたり、水質安定剤を使ったりして、あらかじめ飼育用の水を用意する（→24ページ）。

2 塩または薬を入れる

塩水浴の場合、水1Lに対して5gの塩を入れる。薬浴の場合、きめられた濃度の薬を入れる。

3 魚を入れる

❷の水そうに、べつの水そうにうつしておいた、病気のメダカや金魚を入れる。

4 数日すごさせる

そのまま水そうで数日すごさせる。塩水浴や薬浴の間は、ごはんはあげないようにする。

こんなとき、どうする？ Q&A

メダカや金魚とくらしていると、いろいろなギモンがうまれることがあります。いざというとき、どうすればよいでしょう。

Q メダカ・金魚はお留守番ができる？

A 5日間くらいならOK

メダカや金魚は数日ならごはんを食べなくてもだいじょうぶなので、お留守番ができます。水質の悪化をまねくので、ごはんを一度にたくさん入れるのはやめましょう。出かける前日までに水がえをしておくと、水質が悪くなりにくいので安心です。夏や冬にお留守番をさせる場合は、クーラーやヒーターを使って適切な水温（→24ページ）をたもちましょう。

留守中もごはんをあげたいときは、時間になると自動でごはんが出てくる「フードクロック」などを使ってもよいでしょう。

Q 川でとってきたメダカは飼える？

A 飼える数だけもち帰ろう

小川や田んぼなどでとってきたメダカを飼うこともできます。目が細かいあみとバケツをもって行きましょう。野生のメダカの数はへっています。飼える数だけもち帰り、つかまえたメダカは責任をもって育てましょう。また、あやまってカダヤシ（→39ページ）をつかまえないように注意します。

メダカをつかまえるときは

● 魚をとってもよい場所か調べてから行く

● おとなといっしょに出かける

● 田んぼなど、もち主がいる場所は許可をもらおう

Q 災害への対策は？

A 水そうを固定しておこう

地しんが起きると、水そうの水や魚が水そうからとび出したり、水そうがわれたり、停電によってろ過そうちやヒーターが動かなくなったりするなどのトラブルが起こります。ふだんから、水そうの下にすべり止めのシートをしいたり、ふたをしたりして、対策しましょう。

エアポンプが使えないと酸素不足になり、命の危険があります。電池式のエアポンプも用意しておくと安心です。

Q 年をとったら、どんなお世話が必要？

A 変化に合わせてお世話をする

見た目に変化がなくても、メダカは1さい、金魚は5さいをすぎると、少しずつ老化が進んでいきます。体の色があせてきたり、活動量がへったり、ごはんを食べる量が少なくなったりします。メダカや金魚の変化に合わせて、お世話のしかたを変えていきましょう。

年をとったときのお世話

● **あたたかくする**
温度の変化によって体調をくずしやすくなるので、とくに冬は、ヒーターを使って水温をたもちましょう。

● **水流はゆっくりめに**
動きがにぶくなるので（とくに金魚は、水流がさらに苦手になる）、ろ過そうちがつくる水の流れをゆっくりめにしましょう。

● **ごはんをへらす**
食欲が落ちるので、ごはんの量をへらしましょう。食べ残しが出ると、水がよごれて体調をくずす原因になります。

お別れのときがきたら？

悲しいことですが、メダカや金魚の命は人よりもずっと短いため、いつかはお別れのときがきます。メダカや金魚が亡くなったら、すぐに水そうからとり出しましょう。庭がある家なら、まいそうしてお墓をつくるのもよいでしょう。はちやプランターに土を入れて、まいそうする方法もあります。

さくいん

あ
- 青メダカ …… 6
- アクアリウム …… 4
- アズマニシキ …… 14
- 穴あき病 …… 43
- 生きえ …… 28
- 咽頭歯 …… 10,16
- うろこ …… 11,17
- 上見 …… 16,23
- エアポンプ …… 21,31
- エドニシキ …… 13
- えら …… 10,16
- えらぶた …… 10,16,41
- エロモナス症 …… 43
- 塩水浴(塩水浴のやりかた) …… 45
- 追星 …… 16
- 黄金ダルマ …… 7
- 大そうじ(大そうじのやりかた) …… 32,34
- 屋外(屋外飼育) …… 20,35
- 尾ぐされ病 …… 42
- お世話の流れ …… 30
- 尾ビレ …… 11,17
- オランダシシガシラ …… 14
- オランダシシガシラ型 …… 12,14

か
- 外来種 …… 39
- 外来生物法 …… 39
- 改良メダカ …… 6,7
- かざり …… 21,31
- カダヤシ …… 39
- 感覚器官 …… 10
- キタノメダカ …… 6,8
- 金魚ばち …… 21
- クーラー …… 21,31
- 口 …… 10,16,41
- 健康チェック …… 40,41
- 紅帝ヒレ長 …… 7
- 紅白パンダ …… 7
- 肛門 …… 11,17
- 黒色素胞 …… 11
- こはくヒカリ …… 7
- ごはん(ごはんのあげかた) …… 21,28,29
- コメット …… 12

さ
- 災害対策 …… 47
- 在来種 …… 39
- 産卵 …… 36,37
- じゃり …… 21,23,31
- 習性 …… 8,9,15
- 朱文金 …… 12
- 寿命 …… 5
- しりビレ …… 11,17
- 白メダカ …… 6
- 人工飼料 …… 28
- 水温 …… 9,24,31
- 水温計 …… 21,31
- 水質 …… 24
- 水質安定剤 …… 21,24
- 水そう(水そうのセットのしかた) …… 21,23,24,25,32
- 水そうの点検(水そうの点検のしかた) …… 30,31
- 水泡眼 …… 13
- すいれんばち …… 21
- 生態系 …… 39
- 背ビレ …… 11,17
- そうじ→大そうじ
- 側線 …… 17

た
- 卵(卵のふ化) …… 36,37
- ダルマ体型 …… 10
- 淡水魚 …… 5,8
- タンチョウ …… 14
- 稚魚 …… 4,38
- ちょうちんパール …… 14
- 出目金 …… 13
- 転ぷく病 …… 43
- 特定外来生物 …… 39
- 土佐金 …… 13

な
- 肉りゅう …… 13,16
- ネット …… 32

は
- パールスケール型 …… 12,14
- 白点病 …… 42
- 鼻 …… 10,16
- 腹ビレ …… 11,17
- 針子 …… 38

ヒ
- ヒーター …… 21,31
- ヒカリ体型 …… 10
- ヒカリダルマ体型 …… 10
- ヒメダカ …… 6
- 病気 …… 42,43,44
- 品種改良 …… 5,6,8,15,16
- ピンポンパール …… 14
- ふ化 …… 36,37,38
- ふき流し尾 …… 17
- ふつう体型 …… 10
- フナ尾 …… 17
- ブラインシュリンプ …… 38
- 放流 …… 39
- 保護色機能 …… 9,11
- ポンプ(水がえ用) …… 32

ま
- 松かさ病 …… 43
- 水の準備(飼育用の水の準備のしかた) …… 24
- 水合わせ(水合わせのやりかた) …… 27
- 水がえ(水がえのやりかた) …… 32,33
- 水カビ病 …… 43
- 水草 …… 21,23,31
- 三つ尾 …… 17
- ミナミメダカ …… 6,8
- みゆき …… 7
- 耳 …… 11
- 胸ビレ …… 11,17
- 目 …… 10,16

や
- 薬浴(薬浴のやりかた) …… 45
- 楊貴妃 …… 7
- 横見 …… 23
- 四つ尾 …… 17

ら
- ライト …… 21,31
- ランチュウ …… 13
- ランチュウ型 …… 12,13
- リュウキン …… 13
- リュウキン型 …… 12,13
- 留守番 …… 46
- ろ過そうち …… 21,31

わ
- 和金 …… 12
- ワキン型 …… 12

| 監修 | 秋山信彦（あきやま・のぶひこ）

東海大学海洋学部水産学科教授。東海大学大学院海洋学研究科修了。大学では、水の生きものの繁殖や育成、エサの種類や配合飼料、養殖の方法などを教えている。絶滅が危惧されている淡水魚の域外保全のための活動や、陸上での養殖に向けたさまざまな種類の水の生きものの研究を行っている。おもな著書に、『水族館と海の生き物たち　水族館の飼育技術』（共著、恒星社厚生閣）、『川魚飼育のすべて　図鑑・生態・飼育繁殖がわかる』（共著、エムピー・ジェー）などがある。

| 写真・掲載協力 |
- ジェックス株式会社　　　　https://www.gex-fp.co.jp/
- 日本動物薬品株式会社　　　https://www.jpd-nd.com/n_jpd/

| 編集協力 |
- デザイン・DTP　　monostore
- 撮影　　　　　　佐々木浩之
- イラスト　　　　藤田亜耶
- 編集協力　　　　スリーシーズン
- 撮影協力　　　　千花さん、速さん
- 写真協力　　　　水産大学校、ジャパンペットコミュニケーションズ、やまと錦魚園、
　　　　　　　　　うなとろふぁ〜む、Pixta

生きものとくらそう！❻ メダカ・金魚

2025年1月30日　初版第1刷発行
2025年5月30日　初版第2刷発行
監修　秋山信彦
編集　株式会社 国土社編集部
発行　株式会社 国土社
　　　〒101-0062 東京都千代田区神田駿河台 2-5
　　　TEL 03-6272-6125　FAX 03-6272-6126
　　　https://www.kokudosha.co.jp
印刷　株式会社 瞬報社
製本　株式会社 難波製本

NDC 666,487　48P/29cm　ISBN978-4-337-22506-0 C8345
Printed in Japan ©2025 KOKUDOSHA
落丁・乱丁本は弊社までご連絡ください。送料弊社負担にてお取替えいたします。

「メダカ・金魚」新聞をつくろう

メダカや金魚を観察して、わかったことを新聞にまとめてみよう！
新聞づくりは、自由研究にもおすすめだよ。
コピーしたり、右上の二次元コードからダウンロードしたりして使おう。

新聞の見本

特集 わが家の4ひきのメダカ

○○家のメダカ新聞
発行人
○○
5年3組
○○

卵がふ化するまで

卵がついていた水草をべつの水そうにうつして、卵の変化を観察しました。

わたしの家では、去年からメダカを飼っています。オスが2ひき、メスが2ひきです。4ひきのメダカたちを紹介します。

（メス）白メダカ
すきとおっていてきれい。オスにおいかけられてときどきおこっている

（オス）メダカ
のんびりしている。メスの白メダカをよくおいかけている。

（オス）青メダカ
食いしんぼう。いつも最後まで食べている。生きえが好物。

（メス）ヒメダカ
泳ぐのがいちばんはやい！オスの青メダカとよくいっしょにいる。

スクープ!!
4月○日、メスのヒメダカのしりビレのそばに卵がついているのを発見！つぎの日にもう一度見ると、卵が水草についていました。

1日目 あわがたくさん出ている。
2日目 下のほうにうすく体が見える。
4日目 頭が大きくなり目が見えてくる。
6日目 心ぞうの動きがわかるようになる。
8日目 ときどきくるっと回る！
11日目 卵のからを自分でやぶってうまれた！

あとがき
卵の観察が楽しかったです。水草をべつの水そうにうつしてから11日でふ化しました。卵のからを自分でやぶるのがすごくて、感動しました!!

- 記事を書こう。飼っているメダカや金魚の絵をえがいたり、写真をはるのもおすすめ。
- 「プチニュース」など、コラム記事を入れると楽しい新聞になるよ。
- 「あとがき」に飼育や新聞づくりの感想を書いておこう。
- 新聞に名前をつけよう。
- 「発行人」には、自分のクラスや名前を書こう。

こんな記事を書こう！
表紙うらの健康観察カードを書いて、気づいたことなどから記事の内容を考えてみよう。飼っていなくても、メダカを見られる場所が近くにあるなら、観察して新聞にまとめてみよう。

⚠ 池や川などに行くときはおとなの人といっしょに行こう。

例
- メダカや金魚の色のひみつ
- メダカや金魚の繁殖のようす
- メダカや金魚の水そうを紹介
- メダカ・金魚クイズ
- 近くの小川のメダカたち